BEI GRIN MACHT SICH IHR WISSEN BEZAHLT

AF139154

- Wir veröffentlichen Ihre Hausarbeit, Bachelor- und Masterarbeit

- Ihr eigenes eBook und Buch - weltweit in allen wichtigen Shops

- Verdienen Sie an jedem Verkauf

Jetzt bei www.GRIN.com hochladen und kostenlos publizieren

Bibliografische Information der Deutschen Nationalbibliothek:

Die Deutsche Bibliothek verzeichnet diese Publikation in der Deutschen National-
bibliografie; detaillierte bibliografische Daten sind im Internet über http://dnb.d-
nb.de/ abrufbar.

Impressum:

Copyright © 2018 GRIN Verlag
Druck und Bindung: Books on Demand GmbH, Norderstedt Germany
ISBN: 9783668876538

Dieses Buch bei GRIN:

https://www.grin.com/document/454162

Anonym

Der Umgang mit Fachsprache im Mathematikunterricht.
Eine Beobachtungsanalyse

GRIN Verlag

Umgang von Fachsprache im Mathematikunterricht

- Beobachtungsanalyse

Studienprojekt als Modulabschlussprüfung im Fach Mathematik im Modul 2
(PO2013)

Abgabe: 23.04.2017

Inhaltsverzeichnis

1. Einleitung

Schüler aus der 11. Klasse beschreibt seinen Mathematikunterricht:

„Mathematik ist wie Fernsehen in einer anderen Sprache. Ich sehe was abläuft,
verstehe aber nicht, worum es geht" (Niederdrenk-Felger 2000: S.4)

Was passiert im Mathematikunterricht? Dieses Beispiel verdeutlicht ein Problem, vor dem viele Lehrkräfte sowie Schülerinnen und Schüler im Mathematikunterricht stehen. Die Sprachenvielfalt ist ein großer Bestandteil dieses Faches. Mathematik stellt hohe sprachliche Anforderungen an die Schülerinnen und Schüler: Lernende sollen viele Sprachen verstehen, sprechen und schreiben können und dies sollte ihnen auch bewusst sein. Nicht nur Schülerinnen und Schüler mit einem Migrationshintergrund, die dementsprechend mit mehreren Sprachen aufgewachsen sind, haben Schwierigkeiten im Mathematikunterricht voran zu kommen, sondern auch all die anderen Schülerinnen und Schüler. Denn es geht um den Umgang mit der Alltags-, Bildungs-, und Fachsprache in dem vermeintlich spracharmen Fach. Dies stellt viele Probleme für Schülerinnen und Schüler dar. Wann wird die Fachsprache von ihnen, aber auch von der Lehrkraft verwendet? Wie sieht es in einem richtigen Mathematikunterricht aus? Mit Hilfe dieser Fragen wurde im Rahmen des Praxissemester für das Studienprojekt der Fokus auf die Fachsprache der Schülerinnen und Schüler im Mathematikunterricht gestellt.

Zu Beginn dieses Studienprojekts wird die Theorie zu diesem Thema kurz angeschnitten. Im weiteren Verlauf werden Unterrichtsbeobachtungen mit der Beobachtungsfrage: *„Wann wird die Fachsprache von Schülerinnen und Schüler verwendet"* aufgeführt. In den folgenden Beobachtungsbögen wurden Notizen von der Praxissemesterstudentin gemacht. Abschließend werden die Ergebnisse formuliert und ein mögliches Fazit gezogen. Zu beachten ist, dass die Unterrichtsbeobachtungen in fünf Klassen durchgeführt wurden. In diesem Projekt werden zwei von ihnen aufgeführt, die sich stark herauskristallisiert haben.

2. Die Vielfalt der Sprachen

Bevor man sich mit den Beobachtungen der Praxissemesterstudentin befasst, ist es wichtig, sich vorher deutlich zu machen, was überhaupt mit Alltags-, Bildungs- und natürlich Fachsprache Bezug auf das Fach Mathematik gemeint ist in.

2.1 Alltags-, Bildungs- und Fachsprache

2.1.1 Alltagssprache

Nicht nur im Schulumfeld, mit Freunden oder zu Hause wird die Alltagssprache benutzt, sondern auch in allen Unterrichtsfächern. Um überhaupt am Unterricht teilnehmen zu können, müssen Schülerinnen und Schüler über ein bestimmtes sprachliches Können verfügen. Sie müssen die Unterrichtssprache und die Lehrkraft und ihre Mitschülerinnen und Mitschüler verstehen. Somit auch im Fach Mathematik kann die Alltagssprache nicht übersehen werden. Schülerinnen und Schüler sind mit dieser Sprache stark vertraut im Gegensatz zur Bildungs- oder Fachsprache.

> „Jeder Fachunterricht baut auf der Alltagssprache auf, deshalb ist die Entwicklung allgemeiner sprachlicher Kompetenzen – produktiv wie rezeptiv, mündlich wie schriftlich – Voraussetzung für die Entwicklung von fachsprachlichen Kompetenzen und damit für einen erfolgreichen Unterricht." (Fenkart: 2010, S.2).

Nach Fenkert wird deutlich, dass die Alltagssprache der Grundbaustein aller anderen Sprachen ist.

2.1.2 Bildungssprache

Die Bildungssprache ist fächerübergreifend und somit nicht fachspezifisch. Oft ist es schwierig zu unterscheiden, ob es sich um die Bildungs- oder Fachsprache handelt. Sie ist im Mathematikunterricht das dritte Lernmedium neben der Alltagssprache und Fachsprache (Gogolin 2009). Mit Bildungssprache werden die Lernenden sowohl in Texten (Textaufgaben, Tageszeitungen, etc.) als auch durch

3

die Sprache der Lehrkraft konfrontiert. Daraus schließt man, dass die Sprache der Lehrkraft eine sehr wichtige Rolle für einen guten Unterricht spielt. Die Bildungsstandards für die Grundschule verlangen, dass Schülerinnen und Schüler lernen, in angemessener Weise über mathematische Inhalte zu kommunizieren und zu argumentieren. Die Schülerinnen und Schüler sollen die Fähigkeit des Modellierens erwerben und Problemlösungen formulieren können (KMK 2004). Diese sogenannten prozessbezogenen Kompetenzen, die zusammen mit den inhaltsbezogenen Kompetenzen die mathematischen Kompetenzen darstellen, verlangen ein hohes Maß an bildungssprachlichen Kompetenzen. Im Fach Mathematik kommen häufig Wörter vor, die keine Fachwörter im eigentlichen Sinn sind. Es sind Ausdrücke, die der Bildungssprache zugeordnet werden (z.B. vermehren, vermindern, Preis, Entfernung, Leergewicht). Die Begriffe und die damit verbundenen Konzepte müssen im Unterricht thematisiert werden, denn sie sind für Kinder in ihrem alltagssprachlichen Kontext vollkommen ungebräuchlich (Ebd.).

2.1.3 Fachsprache

Die offensichtliche sprachliche Herausforderung im Mathematikunterricht bildet die Fachsprache mit ihren eigenen Begriffen, spezifischen Satzstrukturen und spezifischen Textsorten (Definitionen, Merksätze, etc.) (Maier/Schweiger 1999: S.20ff). Betrachtet man dies im linguistischen Sinne ist die Fachsprache keine völlig neue Sprache, weil sie auf der Alltagsprache aufbaut. Sie bildet aber ein eigenes Sprachregister, damit meinen linguistische Wissenschaftler *„funktionsspezifische Sprech- und Schreibweisen, die eigene, für den jeweiligen Kommunikationszweck optimierte, Bedeutungen generieren lassen"* (Gibbons 2010: S.25). Zahlen, Formeln, Abkürzungen verlangen ein hohes Maß an Abstraktionsvermögen. Eine zentrale Aufgabe des Mathematikunterrichts besteht in dem Aufbau der mit der mathematischen Sprache verbundenen Konzepte. Das gelingt nur, wenn diese abstrakten Konzepte mit anderen Ebenen und Formen von Sprache beschrieben werden können. Hier sind bildungs- und fachsprachliche Kompetenzen und zum Teil auch allgemeinsprachlichen Kompetenzen unabdingbar. Konzepte können nur ausgebildet werden, wenn die mathematische Sprache in reale Situationen „übersetzt" werden kann (vgl. Fenkert 2010: 22ff).

In der nachfolgenden Tabelle werden die drei Sprachen kurz zusammenfassend gegenübergestellt in Bezug auf unterschiedliche Konzepte in der Kommunikation (Tabelle aus www.schulportal-thueringen.de):

2.2 Überblickstabelle der Sprachen

Alltagssprache	Bildungssprache	Fachsprache
Sprechsituationen sind vertraut/bekannt	Sprechsituationen sind neu, unvertraut	Teil der Bildungssprache
Es wird überwiegend über Persönliches gesprochen	Es wird überwiegend über etwas Unpersönliches gesprochen	Enthält viele Fachbegriffe, fachsprachliche Redewendungen
Konkrete Erfahrungen werden mitgeteilt	Abstraktes Wissen wird kommuniziert	Sprache der Wissenschaft, präzise, eindeutig, abstrakt
Sprachfehler sind geläufig, vertraut	Sprachfehler fallen auf, entstellen den Sinn	Verknappung der Sprache
Ist fehlertolerant	Nicht fehlertolerant	Muss wie eine Fremdsprache gelernt werden

Tabelle 1 aus www.schulportal-thueringen.de

Anhand dieser Tabelle erkennt man, dass die Alltagssprache stark in der Kommunikation von der Bildungssprache und Fachsprache abgrenzt. Jedoch haben wir zuvor erläutert, dass die Alltagssprache der Grundbaustein eines Mathematikunterrichts ist, denn wie sollen Schülerinnen und Schüler anfangen zu kommunizieren? Sukzessiv wird die Fachsprache erlernt.

2.3 Beispiel

Nach dem alle drei Sprachen definiert und erläutert worden sind, wird eine Aussage in der Alltags-, Bildungs-, und Fachsprache formuliert.

In der Alltagssprache:

„Gestern war Schlussverkauf und ich war in meinem Lieblings-Klamottenladen einkaufen. Bei der Hose habe ich zehn Euro Prozente bekommen. Und weil ich direkt bezahlt habe, hat der Verkäufer den bereits gesenkten Preis nochmal um drei Prozent reduziert. Dann habe ich 77,50 Euro bezahlt" (Veränderte Aussage aus: Sprachsensibler Mathematikunterricht in der Sekundarstufe).

In der Bildungssprache:

Im Schlussverkauf wurde auf die UVP einer Hose 10€ Rabatt gegeben und wegen Barzahlung wurden auf den neuen Preis 3% Skonto nachgelassen. So betrug der Verkaufspreis schließlich 77,50€.

In der Fachsprache:

Wird der Grundwert um 10€ und um weitere 3% vermindert, liegt der Prozentwert bei 77,50€.

Vergleicht man die Aussagen mit der Tabelle 1, erkennt man deutlich, dass die Aspekte der Tabelle auf dieses Beispiel zutreffen. Betrachtet man die Aussage der Fachsprache sieht man, dass aus einer über drei-Zeilen-Aussage nur noch eine Zeile übrig geblieben ist, in der zwei Fachbegriffe enthalten sind. Kennt die Schülerin oder der Schüler nicht die Begriffe *Grundwert* und *Prozentwert*, so wird es ihr/ihm schwer fallen, die Aussage verstehen zu können.

Wenn Schülerinnen und Schüler die Begriffe kennenlernen, müssen diese zunächst in der Alltags-, oder auch Bildungssprache übersetzt werden. Man kann die Fachbegriffe in der Fachsprache wie eine Art neues Vokabular ansehen.

Auffällig ist jedoch, dass vieles von dem Vokabular schon in der Alltagssprache existiert, jedoch eine andere Bedeutung hat.

3. Konflikt zwischen Alltags-, und Fachsprache

Für den Prozess des Mathematisierens muss die mathematische Fachsprache beherrscht werden. Dazu gehören Fachbegriffe (z.B. Addition, Diagramm, subtrahieren, Stellentafel, gerade Zahl, orthogonal, etc.). Das Erlernen von Fachbegriffen ist immer mit der Bildung mentaler Modelle verbunden. Das Verstehen dieser fachsprachlichen Bezeichnungen wird oft dadurch erschwert, dass viele Begriffe aus der Alltagssprache entlehnt sind und im mathematischen Kontext andere oder abgewandelte Bedeutungen haben.

Diese Mehrdeutigkeiten werden am Beispiel des Begriffes Seite erklärt:

Im Gegensatz zur mathematischen Definition wird dieser Begriff umgangssprachlich mehrfach verwendet: Eine „Buchseite" ist mathematisch betrachtet eine Fläche. Eine „Internetseite" ist eine virtuelle Fläche. „Auf der anderen Seite" bedeutet gegenüber oder abstrakt hingegen. „Zeig dich von deiner besten Seite" bedeutet: Mach einen guten Eindruck. Scheinbar bekannte Wörter werden somit nicht verstanden, wenn die fachsprachsprachliche Bedeutung nicht im Kontext vermittelt wird (vgl ebd.)

So sieht man, dass oft selbe Wörter in der Fachsprache eine andere Bedeutung haben als in der Alltagssprache. Dies ist nicht jeder Schülerin oder jedem Schüler bewusst. Das Abgrenzen der Bedeutungen fällt ihnen schwer. Dies stellt somit auch ein Problem im Lernerfolg dar. Werden die mathematischen Begriffe anders gedeutet, so wird die bestimmte Aufgabenstellung oder auch der mathematische Aufgabentext nicht für die Schülerin oder dem Schüler verständlich.

4. Beobachtungsstudie

Während des Praxissemesters, hat die Praxissemesterstudentin sich mit dem Thema Fachsprache im Mathematikunterricht an einem Gymnasium befasst. Es wurde in mehreren Klassen die Benutzung der Fachsprache der Schülerinnen und Schüler überprüft. Anhand eines Beobachtungsbogens wurde notiert wann und in welcher Situation Fachsprache verwendet worden ist. Zugegebenermaßen war oft der Unterschied zwischen Bildungs-, und Fachsprache nicht immer sehr deutlich. In diesem Bericht, werden zwei Beobachtungsdurchgänge beschrieben und erläutert.

Bevor die Beobachtungen durchgeführt worden sind, wurden die Rahmenbedingungen notiert: Wie viele Schülerinnen und Schüler sind in der Klasse, wie ist das Lernklima, wie viele Mädchen und Jungen befinden sich in dem Mathematikunterricht, etc.

4.1 Beobachtung 7.Klasse

Rahmenbedingungen:

Die Praxissemesterstudentin kennt die 7. Klasse des Gymnasiums X sehr gut, da sie seit Praktikumsbeginn in der Klasse hospitiert und unterrichtet hat. Die Klasse ist sehr lebendig und motiviert. Die Sitzordnung sieht folgendermaßen aus: Es sitzen immer Schülerinnen und Schüler (insgesamt 29) abwechselnd nebeneinander. Die Anordnung der Tische ähnelt einem Hufeisen. Außerdem befinden sich noch zwei Flüchtlingskinder in der Klasse, die jedoch nicht immer dem Unterricht folgen können, da sie die deutsche Sprache noch nicht richtig beherrschen.

Die Lehrkraft ist sehr engagiert und hat die Klasse gut im Griff. Besonders hervorzuheben ist, dass die Schülerinnen und Schüler sehr leistungsstark sind. Es gibt einige Schülerinnen und Schüler, die noch Probleme im Fach Mathematik haben, jedoch bekommen diese oft Hilfe bzw. Unterstützung von ihren Mitschülerinnen oder Mitschülern.

Verlauf der Unterrichtsstunde:

Hier wird die Unterrichtsstunde kurz zusammengefasst um sich ein Bild von der Stunde machen zu können.

Die Unterrichtsstunde handelt von der Einführung der Konstruktion von Dreiecken. Zu Beginn wurde ein Bild eines „Dreiecks-Kunstwerkes" (viele Dreiecke aneinander gereiht) am OHP projiziert. Es wurde von der Lehrkraft die Frage gestellt: *„wie kann man das mittlere Dreieck mit einem Zirkel konstruieren. Welche Maße brauchen wir?"* (Das Dreieck war weder rechtwinklig noch gleichschenklig). Die Schülerinnen und Schüler sollten zu Beginn gemeinsam in einem Unterrichtsgespräch Maße oder auch Eigenschaften eines Dreiecks auflisten, die sie eventuell brauchen um ein Dreieck mit einem Zirkel konstruieren zu können. Anschließend bekam jede Schülerin und jeder Schüler das Bild mit den Dreiecken. Aufgabe war es, das mittlere Dreieck zu konstruieren, ob mit oder ohne Zirkel. Hierbei sollte jeder zunächst alleine arbeiten. Anschließend wurde mit dem Partner ausgetauscht und ein bis zwei Exemplare am OHP vorgestellt.

Beobachtung & Analyse:

In dieser Stunde sollten Schülerinnen und Schüler mit den Begriffen der Geometrie umgehen können. Begriffe wie *konstruieren, Winkel bestimmen, rechtwinkliges Dreieck, etc.*, sind den Schülerinnen und Schülern schon aus dem letzten Schuljahr bekannt gewesen. Zu Beginn der Stunde wurden in einem Unterrichtsgespräch Strategien und Eigenschaften eines Dreiecks aufgelistet:

Folgende Unterrichtskonversation wurde notiert:

(Das Bild der Dreiecke wird am OHP projiziert. Frau B notiert sich die Aussagen der Schülerinnen und Schüler an der Tafel)

Lehrerin: Es handelt sich um das grüne Dreieck. Überprüft, welche Fragen Marlene[1] sich stellt.

Schülerinnen und Schüler murmeln.

L: Okay. Welche Fragen stellt sich Marlene?

S_1: Wie man mit dem Zirkel ein Dreieck zeichnen kann.

---

[1] Unter dem Bild wurde ein Dialog vorgelesen, in der Marlene wissen will, wie man ein Dreieck mit einem Zirkel konstruieren kann

L: (schreibt an die Tafel: Wie man mit einem Zirkel ein Dreieck <u>konstruieren</u> kann).
Welche noch?

S$_2$: Wie man das ganze Bild mit dem Zirkel zeichnen kann.

L: (schreibt: Wie erstellt man das ganze Bild?).

S$_3$: Wie man es mathematisch konstruiert.

L: (schreibt mit: mathematische Konstruktion?)

S$_4$: Wie man die Grad Zahl ausmisst.

L: (schreibt mit: Wie misst man die Grad Zahl?)

S$_2$: Was bedeutet Grad Zahlen Frau B?

L: Wer kann Schüler 2 erklären, was mit Grad Zahlen gemeint ist?

S$_4$: (äußert sich direkt) Ich meine die Winkel.

L: (Schreibt an der Tafel: Grad Zahl/Winkel). Das reicht dann erstmal. […]

Aus den Beobachtungen erkennt man, dass die Lehrkraft versucht die mathematische Fachsprache möglichst weitgehend anzuwenden. Schüler 1 nennt die richtige erste Aussage, aber in der Form der Alltagssprache. Die Lehrkraft hingegen notiert seine richtige Aussage und verbessert das Wort *zeichnen* mit *konstruieren*. Bei der zweiten Aussage eines Schülers wird aber wieder das Wort *zeichnen* benutzt. Hier fehlt die Verbesserung der Lehrkraft. Muss aber verbessert werden? Danach folgt eine sehr gute Aussage in der Fachsprache *„Wie man es mathematisch konstruiert"*. Hierbei handelt es sich um eine sehr leistungsstarke Schülerin. Die Begriffe *Grad Zahl* und *Winkel* sollten den Schülerinnen und Schülern bekannt sein. Trotzdem arbeiten die meisten mit dem Begriff *Winkel*.

Interessant zu sehen ist, dass die Schülerinnen und Schüler in dieser Klasse sich mathematische Begriffe direkt notieren, die sie neu kennengelernt haben. Die Lehrkraft hat dieses Verfahren in der Klasse eingeführt, dass jeder ein Begriffsheft besitzt und sich immer Wörter aufschreibt, die er vorher nicht kannte. Hier werden die Begriffe der Fachsprache gefördert. Das Beispiel mit dem Begriff *Grad Zahl* wurde direkt von dem Schüler im Heft notiert. Dieses Verfahren fördert die Sprachkompetenz. Wenn die Lehrkraft die Kontrolle über die Klasse hat und den Respekt bekommt, kann es funktionieren, dass die Schülerinnen und Schüler selber sich die Notizen im Heft machen und nicht immer wieder aufgefordert werden müssen.

Wie im Beobachtungsbogen zu sehen (s.Anhang), wurde in der Partnerarbeit überwiegend in der Alltagssprache gesprochen. Es fielen kaum mathematische Begriffe bzw. es wurde nicht in der Fachsprache gesprochen. Der Grund dafür muss die Ansprechperson sein. Schülerinnen und Schüler unterhalten sich nur in der Alltagssprache. Nicht nur in dieser Unterrichtsstunde findet dieses Phänomen statt, sondern in den anderen Partnerarbeitsstunden sowie in den anderen Klassen auch.

Die abschließenden Präsentationen von zwei Schülerinnen wurden hauptsächlich in der Alltagssprache durchgeführt. Die Lehrkraft führte ab und zu die mathematische Fachsprache ein, indem sie das, was die Schülerinnen und Schüler genannt haben, wieder in die Fachsprache übersetzte. Zum Beispiel:

Schüler: Ich habe dann den Zirkel auf den oberen Punkt des Dreieckes gelegt und einen Kreis gezeichnet. Bei der Hälfte des Kreises habe ich einen Punkt gesetzt. […]

Lehrerin: Du hast also den Zirkel auf die Ecke A des Dreiecks gelegt und dann den Kreis konstruiert, richtig?

[…]

In dieser Beobachtung stellt man fest, dass die Schülerinnen und Schüler nur mit Hilfe der Lehrkraft die Fachsprache benutzen. Sie wissen oft nicht genau, wann sie die Fachsprache benutzen sollen (s. Beobachtungsbogen im Anhang). Sie fühlen sich auch nicht sicher, wenn sie nicht mehr in der Alltagssprache sprechen. Daher ist es fördernd, wenn Die Lehrkraft die Schülerinnen und Schüler unterstützt und nicht selber in die Alltagssprache verfällt.

4.2 Beobachtung: 9. Klasse

Rahmenbedingung:

Im Vergleich zu der 1. Beobachtung befindet sich diese Klasse in einem absoluten Chaos. Schülerinnen und Schüler sind unruhig und versuchen immer wieder die Aufmerksamkeit auf sich zu ziehen. Es befinden sich 10 Schüler und 15 Schülerinnen in der Klasse. Im Klassenraum befinden sich Gruppentische. Auffällig ist, dass Jungen und Mädchen getrennt in Gruppen sitzen.

Die Lehrkraft ist frisch aus dem Referendariat in die Schule eingestiegen. Man erkennt, dass sie noch nicht so viele Erfahrungen mit unruhigen Klassen hatte. Sie hat die Schülerinnen und Schüler kaum im Griff.

Verlauf der Unterrichtsstunde:

Hier wird die Unterrichtsstunde kurz zusammengefasst.

Die Klasse hat in der letzten Stunde mit Potenzrechnungen gearbeitet. In dieser Stunde arbeiten die Schülerinnen und Schüler in Gruppen an Textaufgaben. Zu Beginn wiederholen die Schülerinnen und Schüler gemeinsam mit der Lehrkraft die Potenzrechengesetze. Anschließend werden im Buch Textaufgaben zu diesem Thema durchgearbeitet. An jedem Gruppentisch soll gemeinsam an einer Aufgabe gearbeitet werden und abschließend von einer Schülerin oder einem Schüler die Aufgabe im Plenum präsentiert werden.

Beobachtung & Analyse

Die Einführungsphase dieser Stunde hat nicht funktioniert. Es war sehr unruhig und die Lehrkraft hat hauptsächlich mit einer Wand gesprochen. Sie stellte die Frage:

L: Wie berechnen wir Zehnerpotenzen miteinander?

Schüler und Schülerinnen unruhig.

S_1: (ruft rein und lacht anschließend) Ich weiß nich' mal was das ist.

Schüler und Schülerinnen lachen.

L: Tobias du bist gar nicht dran. Wer weiß was wir in der letzten Stunde gemacht haben?

Schülerinnen und Schüler sehr unruhig und laut

S_1: (murmelt dazwischen) Irgendwas mit Zehnerpotenzen. Und ich glaub' irgendwas mit
    Addition oder so (Lehrerin A hat die Aussage nicht gehört).

Nachdem es immer noch nicht ruhig wurde:

L: (Schreibt eine Rechenaufgabe an die Tafel). Berechnet jetzt diese Aufgabe alle
    alleine. Ich gebe euch maximal drei Minuten.

[...]

In dieser Klasse wurde überhaupt keine Fachsprache von Schülerinnen und Schüler verwendet. Es wurde durchgehend in der Alltagssprache gesprochen. Schülerinnen und Schüler bekommen nicht viel mit durch die ganzen Unterrichtsstörungen, die sie selber verursachen. *„Was sind denn überhaupt Zehnerpotenzen"* zeigt deutlich wie desinteressiert der Schüler ist. Er macht sich darüber lustig. Ob er wirklich nicht weiß, was Zehnerpotenzen sind, ist fraglich. In diesem Arbeitsklima werden Schülerinnen und Schüler vernachlässigt, die dem Unterricht folgen wollen. In der anschließenden Gruppenarbeitsphase gab es viele Verständnisprobleme, da die Textaufgaben überwiegend der Bildungssprache entsprachen. Diese Aufgaben mathematisch korrekt zu lösen ist keinem gelungen geschweige denn man hat sich damit beschäftigt. Der Umgang mit der Fachsprache fehlt hier ganz deutlich. Dies ist ein kompletter Kontrast zu der Beobachtung aus der 7. Klasse.

Im Folgenden wurde noch ein Interview mit der Lehrkraft zum Thema Förderung der Fachsprache in der 9. Klasse durchgeführt. Da das Interview sehr lange dauert, werden einige Äußerungen von ihr kurz angeschnitten.

27.03.2018. Das Interview fand nach dem Praxissemester statt.

PS – Praxissemesterstudentin

L: Lehrerin der Klasse 9 im Fach Mathematik

[...]

PS: Haben Sie das Gefühl, dass die Fachsprache in dieser Klasse fehlt bzw. nicht gefördert werden kann?

L: Auf jeden Fall! – Nicht nur die Fachsprache, auch die gesamte Struktur eines Mathematikunterrichts fehlt. (Lange Pause und Seufzer) Ich beginne den Unterricht und es wird mir nicht zugehört. [...] Ich erkläre fachliche Begriffe, aber am Ende sind sie eh schon wieder vergessen (lacht). Ich glaube somit nicht, dass hier die fachliche Kompetenz bzw. nach deiner Frage jetzt, die Fachsprache gefördert werden kann.

[...]

PS: Was glauben Sie, was wichtig ist, um die Fachsprache in Mathematik fördern zu können.

L: Ganz klar, die Arbeitsatmosphäre muss stimmen. Die Kinder müssen motiviert sein und Interesse zeigen. Ich als Lehrperson muss Ihnen die Fachsprache beibringen, was wiederum heißt, dass sie mir zu hören müssen.

Anhand des Interviewausschnitts wird ersichtlich, dass die Lehrperson in Bezug auf die Förderung der Fachsprache die Schülerinnen und Schüler in den Fokus stellt. Das Lernklima ist wichtig, die Motivation und das Interesse der Schülerinnen und Schüler sind ausschlaggebend.

Diese Beobachtung soll zeigen, dass nicht nur die Lehrkraft wichtig für die Vermittlung der Fachsprache ist, sondern die Schülerinnen und Schüler selbst einen Beitrag leisten müssen um in dem Fach Mathematik folgen zu können, indem sie aber die Fachsprache beherrschen und umgehen müssen.

5. Fazit

Alltags-, Bildungs-, und Fachsprache sind wichtige Phänomene im Mathematikunterricht. Alle drei müssen in Wechselwirkung bestehen bleiben. Ohne die Alltagssprache ist auch keine Fachsprache in der Mathematik möglich. Ohne die Fachsprache kann der Unterricht nicht mitverfolgt werden.

Anhand der Beobachtungsanalysen sehen wir, dass es starke Kontraste in der Schulwelt gibt. Nicht nur die Lehrkraft teilt einen Beitrag zur Vermittlung von Fachsprache mit, sondern auch die Schülerinnen und Schüler selbst, sowie die ganze Klassengemeinschaft. Ein gutes Lernklima bzw. eine gute Klassenführung sind ein wichtiger Bestandteil um ein guten Unterricht führen zu können. Im Fach Mathematik spiele diese Aspekte eine sehr wichtige Rolle, da das Fach selbst schon sehr komplex ist und nicht jeder ein mathematisches Köpfchen besitzt.

Der Umgang mit der Fachsprache von Schülerinnen und Schüler in den Beobachtungen der Praxissemesterstudentin wird häufig nur gegenüber von Lehrerinnen und Lehrer benutzt. In Partnerarbeiten oder in Gruppenarbeiten verfallen viele Schülerinnen und Schüler in die Alltagssprache zurück.

Interessant und bewiesen ist, dass die Alltagssprache der Grundbaustein der Fachsprache ist. Im Mathematikunterricht sind die Sprachen ein wichtiger Bestandteil, was viele Schülerinnen und Schüler leider nicht realisieren.

6. Literatur

- Fenkart, Gabriele/ Lembens, Anja/ Erlacher Zeitlinger, Edith (2010): *Sprache, Mathematik und Naturwissenschaften.* Studienverlag, Innsbruck

- Gibbons, Pauline (2010): Learning Academic Registers in Context. In: Benholz, Claudia u.a. (Hrsg): *Fachliche und Sprachliche Förderung von Schülern mit Migrationsgeschichte.* Waxxmann, Münster, 25-37

- Gogolin, Ingrid (2009): *Zweisprachigkeit und die Entwicklung bildungssprachlicher Fähigkeiten.* VS, Wiesbaden.

- Maier Hermann/ Schweiger, Fritz (1999): *Mathematik und Sprache.* Öbv & hpt, Wien.

- Niederdrenk – Felgner, C. (2000): *Algebra oder Abrakadabra. Das Thema „Mathematik und Sprache" aus didaktischer Sicht.* IN: mathematiklehren. Heft 99, S.4 – 9

Internetseiten:

www.schulportal-thueringen.de

7. Anhang

Beobachtungsbogen/Notiz – Umgang mit Fachsprache

16.01.2018

Mathematik, 9. Klasse

25 Schülerinnen und Schüler

	Anwendung von Fachsprache von SuS
Anzahl	╫╫ ┃┃
Wann:	- Einführungsphase (Lehrer - S Wechsel) 5x - In Partnerarbeit 1x - Präsentation von Schülerin (durch lehrkraft geführt)
Zusammenhang	Dreieckskonstruktion (Einführung) - Im Plenum Strategien aufstellen, bzw. Fragen von Marlene stellen (Eigenschaften von Dreiecken, etc.) - Lehrerin fordert die Fachsprache (betont immer wieder die Fachbegriffe z. B. konstruieren, nicht zeichnen) - Konstruktionsanleitung (Winkel berechnen, Seite bestimmen)

Auffälligkeiten:
- Beide Flüchtlingskinder kommen nicht mit (Mangelhafter Sprachgebrauch)
- Partnerarbeit hauptsächlich in der Alltagssprache

Beobachtungsbogen/Notiz – Umgang mit Fachsprache

13.12.2017

Mathematik, 7. Klasse

29 Schülerinnen und Schüler

	Anwendung von Fachsprache von SuS
Anzahl	
Wann:	
Zusammenhang	keine Fachsprache benutzt ! - Hauptsächlich Umgangssprachlich

Auffälligkeiten:

→ Lehrerin hat die Klasse nicht im Griff.

→ SuS folgen dem Unterricht kaum !

↳ Grund der nicht möglichen Förderung von Fachsprache?